COSMOGONIE

MODERNE,

ou

ORIGINE ET FORMATION

DE LA NATURE.

Par

Eugène BOURON.

SYSTÈME RAISONNÉ PAR HYPOTHÈSE ANALOGIQUE.

THÈME, THÉORIE & APPLICATION.

GÉOGONIE : RÉFUTATION DES IDÉES ANCIENNES.

GÉOLOGIE : TERRAINS, ROCHES & CRISTAUX ;

FORMATION, FORMES, MÉTAMORPHISME & ÉPIGÉNIE ;

CALORIQUE, FEU, CHALEUR CENTRALE ;

EAUX THERMALES, VOLCANS, TREMBLEMENTS DE TERRE ;

CAUSES & EFFETS.

NANTES,

CHEZ L'AUTEUR,
Eugène BOURON,
Place de la Petite-Hollande, 3.

And GUÉRAUD ET Cie,
Imprimerie-Librairie
DU PASSAGE BOUCHAUD.

1854.

À Monsieur Colombel,

Président de la société académique de Nantes,

Hommage de haute considération de l'auteur

COSMOGONIE MODERNE.

INTRODUCTION.

Qu'est-ce que la nature, quelle est son origine, quelle est sa formation ?

Telle est la question qui se présente à tout esprit observateur ;

Telle est la cause des nombreuses hypothèses qui ont été hasardées sur la Géogonie, ou l'origine et la formation de la terre.

Le XVIIIe siècle est fécond en auteurs qui ont écrit sur ce sujet : le peu de succès qu'ils ont obtenu a engagé nos modernes à ne considérer que la formation, sans s'inquiéter de l'origine.

Cependant, comment admettre un système de formation, sans qu'il puisse se lier à un système de création ?

L'histoire des opinions géologiques remonte aux temps les plus reculés.

Les prêtres égyptiens regardaient la terre comme ayant été formée au se n des eaux;

Et Moïse nous représente le Tout-Puissant créant l'univers dans leur milieu.

Environ 'an 500 avant J.-C., Thalès, disciple des Égyptiens, enseigna le même principe.

D'une autre part, Zénon présenta le feu comme le principe de tout.

Les philosophes de l'antiquité en ont fait un sujet de dissertations où l'imagination seule a pris part. Aucune base solide n'étayait leur système ; aussi les mots Cosmogonie et Géogonie sont-ils devenus un sujet de méfiance. Malgré cela, leurs différentes idées se sont transmises, jusqu'à ce jour, sans modifications sensibles.

C'est ainsi que deux théories ont constamment divisé les géologues sous le point de vue géogonique.

Les Neptuniens, ou hydro-géologues, attribuent à l'eau l'origine de la terre;

Les Vulcaniens, ou pyro-géologues, l'attribuent au feu.

Cette dernière théorie est celle en faveur de nos jours : tous les auteurs modernes répètent qu'une masse en fusion a été lancée dans l'espace, qu'un refroidissement lent a donné lieu à une croûte solide (formation des terrains primitifs); que les eaux, tenues en vapeur par le calorique émané de cette masse en fusion, se sont condensées sur sa surface refroidie, et que, par dégradation, elles en ont détaché et charrié des parties immenses qui, par précipitation ou sédiment, ont formé tous les terrains superposés aux premiers.

Cette théorie s'appuie : 1° sur la chaleur intérieure du globe, qui croît en rapport avec la profondeur à laquelle on pénètre; 2° sur l'émission des eaux chaudes ou thermales; 3° sur l'effet des volcans, qui lancent du feu et des masses en fusion.

Les Neptuniens admettent une fluidité aqueuse qui, par précipitation, a donné naissance à tous les terrains, théorie à laquelle les Vulcaniens opposent : 1° l'insuffisante quantité de la partie aqueuse pour dissoudre la masse solide; 2° l'insolubilité par l'eau de cette masse solide.

Ils disent alors : S'il y a insolubilité par l'eau et insuffisance d'eau pour dissoudre, il faut qu'un autre principe ait agi ; et ce principe ne peut être que le feu.

Ni l'une ni l'autre de ces théories ne peuvent satisfaire l'esprit : leur hypothèse est trop vague ; elle ne formule aucune idée de création.

Le principe de toute existence doit être le point de départ ; c'est ainsi que le comprend mon thème.

La théorie par l'eau étant en rapport avec mon système, je la développerai, et je donnerai mes réfutations de la théorie par le feu.

L'hypothèse analogique, la seule vraisemblable, est celle sur laquelle s'appuient mes principes.

Le feu a tout créé, dit-on ; la masse interne est encore en fusion ; les terrains supérieurs sont le détritus des inférieurs :

voilà l'opinion reçue. Mais le feu destructeur a-t-il pu créer, et d'où vient cette masse en fusion? D'où vient que ce détritus diffère de la masse qui lui a donné naissance? D'où vient, enfin, que toute la masse n'est pas confondue en une même roche, et que certaines roches sont composées de plusieurs individus séparés?

Pourquoi ne crée-t-on pas de nouvelles idées? Parce qu'on est soumis à une opinion émise par la science, contre laquelle on n'ose faire opposition; c'est toujours ainsi que de grandes erreurs se sont perpétuées : et quand une idée neuve, sortie d'un cerveau sans renom, a voulu se faire jour, les idées anciennes ont toujours voulu l'étouffer.

De même, je m'attends à être entravé par le feu. Quoi qu'il arrive, je rendrai public le fruit de mes méditations; non pas pour faire du nouveau, mais bien dans la conviction de dévoiler la vérité : et comme ma vie obscure n'est pas de nature à entraîner en faveur de mon système, j'appuierai ma théorie de quelques idées émises par des savants dont l'opinion fait loi.

S'ils font restriction en faveur de la théorie ignée, c'est par prévention, faute d'explication de la chaleur centrale.

COSMOGONIE MODERNE

ou

ORIGINE ET FORMATION

DE LA NATURE.

THÈME.

—

TOUS LES ÊTRES DÉRIVENT LES UNS DES AUTRES.

L'air développe l'électricité, qui donne naissance à une combinaison aqueuse.

L'air, l'eau et l'électricité donnent naissance à des êtres infimes chargés d'élaborer la matière solide.

L'air, l'eau, l'électricité et la terre donnent naissance à tous les êtres organisés.

2

THÉORIE.

La NATURE comprend l'ensemble de toutes les existences de création surhumaine.

L'*existence*, c'est l'état des êtres.

L'*être créé*, c'est un corps ou un ensemble de principes isolés.

Trois ordres d'existences composent la nature.

RÈGNE INORGANIQUE.

1° Êtres sans vie, la *matière:* } minéraux.

RÈGNE ORGANIQUE.

2° Êtres ayant vie inanimée, la *matière organisée insensible:* } végétaux.

3° Êtres ayant vie animée, la *matière organisée sensible:* } animaux.

L'*existence* comprend donc tous les êtres, sans distinction dans leur manière d'exister.

Les uns existent par superposition de principes modifiés par décomposition, résidu de l'élaboration, et appropriés ou assimilés, suivant les lois de l'attraction : la *matière*.

Les autres existent par absorption de principes modifiés par décomposition dite élaboration, et assimilés par la vie : la *matière organisée*.

Les *corps* sont un assemblage d'atomes formant un tout perceptible à nos sens.

L'atome ou corpuscule est la partie indivisible des corps; c'est la matière divisée au point de n'être plus divisible.

L'attraction est la force qui réunit les atomes pour former les corps.

Tous les corps acquièrent, par le contact, la propriété d'en attirer ou d'en repousser d'autres; on appelle ce phénomène *Électricité*.

L'électricité est due à un fluide invisible et impondérable que l'on nomme fluide électrique.

Le fluide électrique naturel est la réunion de deux fluides ou principes, l'un négatif ou résineux, et l'autre positif ou vitré.

Il fait partie inhérente de tous les corps, en combinaison tellement neutralisée qu'il s'y trouve à l'état inerte.

Mais le contact, en détruisant cette combinaison, le développe ; les corps sont rendus sensibles, c'est-à-dire qu'ils ont acquis la propriété de l'électricité, et, selon leur nature, l'un des principes du fluide naturel devient dominant : les uns deviennent électro-négatifs et les autres électro-positifs.

Il y a répulsion entre les principes de même nom, et attraction entre les principes de noms différents.

Lorsque deux corps, en contact, sont susceptibles d'acquérir un principe électrique différent, l'état électrique de leurs atomes est attractif ; on dit alors qu'il y a affinité, c'est-à-dire tendance à s'unir : il est répulsif si le principe électrique développé est le même.

Il n'y a ni composition ni décomposition sans électricité.

Tous les corps sont formés d'un principe particulier, au moins, et des deux principes du fluide électrique naturel.

Le principe électrique, selon les proportions de son développement, joue le rôle de composant ou de décomposant.

C'est la force qui opère l'isolement des atomes, et qui, par attraction, les agrége et donne aux corps la cohérence, comme aussi c'est elle qui les désagrége et les décompose.

C'est donc l'agent des compositions et des décompositions.

La *composition* des corps est un ensemble de principes constituants ou composants, par agrégation ou réunion atomique.

La *combinaison* est l'agrégation de principes hétérogènes.

La *décomposition* est la désagrégation des principes atomiques.

L'*altération* est la désagrégation des atomes.

La *recomposition* est une agrégation nouvelle de principes.

L'*agrégation* est mécanique ou chimique.

L'*agrégation chimique*, ou cohésion, est l'union intime ou cohérence des atomes qui forment les corps.

L'*agrégation mécanique*, ou simplement agrégation, est la liaison qui unit les corps ou leur donne la cohérence.

Le *quartz* est composé d'atomes formant corps par agrégation chimique (silicium et oxigène).

Le *granite* est composé de trois corps différents agrégés mécaniquement (quartz feldspath et mica).

Selon les circonstances de décomposition, il y a simplement isolement des principes constituants, ou bien il y a transmutation, c'est-à-dire que les principes constituants sont modifiés ou changés; et souvent alors il s'opère une recomposition par la combinaison des nouveaux principes.

L'élaboration est un travail naturel de décompositions qui s'opère dans tout le règne organique, avec transmutation et recomposition; le produit de la décomposition est en partie assimilé à la matière organique, et en partie rejeté pour être assimilé à la matière inorganique.

On nomme *fermentation* une décomposition produite sur les substances organiques par l'action des principes aériformes ou aqueux (elle n'a pas lieu dans le vide).

On nomme *putréfaction* ou corruption une décomposition avec altération ou destruction de la matière organique, accompagnée d'odeur plus ou moins fétide.

L'accumulation du fluide électrique donne

lieu à une décomposition rapide de la matière organisée sensible; témoin les corps animés frappés par la foudre, qui se putréfient très-promptement.

Chaque existence renferme des principes qui lui sont particuliers; leur combinaison ou leur décomposition modifie leur nature avec transformations.

Les mêmes principes qui donnent naissance à la matière, modifient la matière et la transforment en de nouveaux principes qui alimentent la matière; c'est ainsi que tous les êtres dérivent les uns des autres.

De l'ensemble d'existences dérivent des principes qui, se modifiant par leur décomposition réciproque, engendrent, par leur modification successive, des êtres diversifiés à l'infini; en d'autres termes, les principes ou éléments, par leur combinaison en proportions variées, éprouvent des modifications qui varient l'état des êtres qui en dérivent.

Le règne minéral nous présente ces variétés d'êtres composés des mêmes éléments en proportions dissemblables, d'une manière qui n'échappe pas à l'analyse chimique ; de même qu'il nous présente les mêmes êtres composés des mêmes éléments en mêmes proportions, d'une manière variée, selon le milieu qui leur a donné naissance.

Les mêmes phénomènes expliquent les variétés d'êtres qui se présentent dans les deux autres règnes.

Dans la décomposition qui donne lieu à la création, il s'opère une sorte d'élaboration analogue aux fonctions organiques. Chaque partie élaborée par la décomposition est assimilée ou à des êtres organisés qui en naissent ou en vivent, ou à des êtres inorganisés solides, liquides ou gazeux, destinés à vivifier l'existence.

N'y a-t-il pas là analogie entre les fonctions organiques ; en effet, les principes solides, liquides ou gazeux absorbés par les organes produisent, par élaboration, une décomposition qui donne lieu à des transformations, dont les unes sont assimilées et les autres rejetées, pour être de nouveau élaborées et assimilées, et subir, ainsi, des transformations incessantes. Les parties assimilées ou rejetées sont solides, liquides ou gazeuses comme celles qui ont servi à l'élaboration, mais transformées en de nouveaux principes.

Les organes perdent, tôt ou tard, la faculté de leurs fonctions ; ils deviennent inertes et rendent alors à la matière, métamorphosée de toute sorte, tous les principes qu'ils y ont puisés.

C'est ainsi que le règne inorganique est le résultat des débris élaborés des deux autres règnes.

Tous les ovipares mangent du sable ; c'est un besoin pour eux, et toutes leurs excrétions sont calcaires : cette transformation est le fait de l'élaboration.

C'est ainsi que de la décomposition de ce qui existe, dérivent de nouvelles existences très-dissemblables et qui varient en rapport avec les éléments de décomposition et les circonstances.

Soit : le bois pourri engendre les bissus et champignons divers ;

L'eau croupie engendre la lentille et tous les infusoires ;

Le fromage, les fruits, le vinaigre, le levain, engendrent chacun des êtres particuliers.

Le germe de l'animalcule peut-il y avoir été déposé, par l'insecte, sans qu'on ait pu le découvrir ?

Mais comment, de la chair complétement privée de l'approche des mouches produira-t-elle, par sa décomposition, des vers à mouches ?

Certes la larve n'a pu y être déposée, dans cette chair, pendant la vie de l'animal.

Les poux ne s'engendrent-ils pas dans le chevelu de la tête, sans qu'aucune larve y ait été déposée, et cela, dans des circonstances de décomposition bien appréciables : la malpropreté les engendre, aussi bien que certaines maladies ; la grossesse les produit chez certaines femmes ; passé cette époque, ils disparaissent (1).

Si vous ne voulez admettre la création par transmutation, mais par transmission, admettez que l'air souffle, dans telle ou telle décomposition, tel ou tel germe qui s'y développe ; mais ne prétendez pas qu'un être déjà existant soit venu y déposer une larve.

Dans quelques cas, vous pourriez dire vrai ; mais, dans beaucoup d'autres, vous seriez dans l'ignorance du vrai.

La Puissance qui a créé peut-elle tomber dans l'inertie !

---

(1) La vie émane de la décomposition, a dit saint Augustin.

En observant les phénomènes des métamorphoses actuelles, on doit, par supposition, admettre des phénomènes transformateurs analogues.

En effet, comment se fait la transformation de l'œuf en petit, chair, os, etc.? Tous les éléments qui composent le petit étaient-ils contenus dans l'œuf, et comment s'est fait l'isolement ou la séparation de tous ces produits? Où ont-ils été puisés, sinon par une décomposition que nous ne pouvons apprécier; décomposition produite par le calorique atmosphérique ou par le calorique animal.

Il en est de même de la germination, qui change la nature des principes constituants?

Par la raison que, de nos jours, le calcaire se forme en abondance, par l'élaboration des zoophites, que le phosphate de chaux est produit par élaboration animale, etc., etc., sans que nous puissions nous rendre compte de ce travail, nous devons conclure que la création de tous les êtres a eu lieu par un effet analogue, non définissable, bien qu'admissible et tout à fait vraisemblable.

Tous les êtres, par absorption de nouveaux principes, éprouvent une décomposition générale qui les modifie ou les change complétement.

C'est ainsi que la graine végète et devient bois; que l'animal atteint son accroissement, et que l'un et l'autre finissent par la destruction, qui engendre de nouveaux principes, puis de nouveaux êtres: témoin les bissus et les vers qui s'y forment.

C'est ainsi que la pierre et les métaux, ayant acquis leur formation, finissent par la destruction, qui engendre de nouveaux principes : témoin les feldspaths, qui passent au kaolin avec modification de principes; le sulfure de fer, qui passe au sulfate, et celui-ci à l'oxyde, etc.

Le développement du règne organique a lieu par la fixation de produits gazeux. Ne se forme-t-il pas là des décompositions que nous ne pouvons apprécier; il en résulte de nouveaux corps, comme la potasse pour les végétaux, le phosphate de chaux pour les animaux, etc. D'où sont-ils puisés, sinon formés par décomposition des éléments de l'air; et alors les premières décompositions de la nature n'ont-elles pu donner lieu au règne inorganique!

Si, dans l'acte de la vie; il y a, par décomposition, fixation de principes gazeux et transformation en principes solides résistant à la vie, comme le détritus des plantes, et les os des animaux, et les coquilles des poissons; pourquoi les autres corps solides du règne inorganique n'auraient-ils pas une origine analogue?

L'air contenant les éléments de vie et de matière, leur isolement dut s'opérer dans un rapport convenable; et, du reste, les éléments de vie ne pouvaient s'isoler sans le secours de la matière, puisque la vie comprend la matière vivifiée et est alimentée par elle à l'état de principes solidifiés ou gazeux : et si la vie paraît alimentée par la matière, ce n'est néanmoins que par assimilation du produit de la décomposition de cette matière.

Lorsque nous rencontrons le carbone pur (diamant) à l'état solide ; que, uni à l'oxygène, il donne un corps moins solide et noir (le charbon), et qu'une plus grande quantité d'oxygène en fait un corps gazeux (acide carbonique), ne peut-on pas supposer que tous les corps solides aient eu un état primitif gazeux que nous ne pouvons apprécier, parce que nous ne pouvons le reproduire ; mais l'homme peut-il se mettre en parallèle avec l'Auteur de la nature ? Le creuset de la science sera toujours trop inférieur.

Une puissance supérieure peut seule créer ces grandes choses ; l'homme ne peut que remanier quelques fragments de ces grandes choses.

La *terre*, *l'eau* et *l'air* sont les principes de toute vie et sans lesquels aucun être organisé ne peut exister; ce sont les matériaux d'où ont pris naissance tous les êtres organisés. De tous les éléments qu'ils renferment, les uns sont nécessaires aux végétaux, les autres aux animaux; ce qui n'est pas utile à l'un, l'est à l'autre, et la vie de ces deux règnes est enchaînée d'une manière admirable qui ne laisse aucun doute.

La terre est le réceptacle où viennent se déposer tous les débris organiques qui par leur décomposition alimentent les végétaux, lesquels ne vivent que du produit de la décomposition; les animaux, à leur tour, vivent du produit de la végétation.

Les végétaux pourraient se suffire; ils vivent de leur propre dépouille, qui, par sa décomposition naturelle, donne à l'air ce qui est nécessaire au végétal et absorbe de l'air ce qui pourrait lui être nuisible.

Les animaux, en partie, vivent les uns des autres ; mais, en général, pour les habitants de la terre, ils ne sauraient vivre sans la présence des végétaux, destinés à leur servir de pâture, et à sanifier l'air en aspirant ce qui leur serait nuisible et en expirant ce qui leur est nécessaire.

La *vie* est le résultat de la circulation d'une liqueur (sang ou séve) et cesse aussitôt que cette liqueur ne peut plus circuler.

Quelle est la cause qui produit cette circulation ?

La décomposition donne lieu à la production de principes qui engendrent des êtres, et ces êtres ne vivent qu'aux dépens d'une décomposition intérieure qui continue les phénomènes qui leur ont donné vie ; en effet, les êtres organisés ne peuvent vivre sans alimentation.

De la décomposition intérieure qu'éprouvent les aliments, se dégage un fluide électrique qui donne à la liqueur la fluidité et l'impulsion nécessaires pour circuler librement.

Qu'une cause quelconque, trop ou trop peu de fluidité, augmente ou arrête cette circulation, l'équilibre est rompu; la maladie ou la mort s'ensuivent.

En résumé, la MATIÈRE
NAÎT de la décomposition,
EXISTE du produit de la décomposition,
et PÉRIT par la décomposition.

APPLICATION.

—

Dans le premier état de la nature, les existences étaient confondues en un ensemble de principes aériformes remplissant l'espace. — Par suite de cette union, et des transformations qui en durent résulter, il y eut production et accumulation d'électricité (c'est-à-dire de calorique et de lumière), qui, séparant les principes des existences unies, donnèrent lieu à des productions nouvelles, qui devinrent existences isolées avec chacune des principes particuliers.

L'accumulation d'électricité dut isoler et recomposer les principes, de même que, dans nos laboratoires, nous isolons les éléments d'un corps composé, et nous recomposons de nouveaux corps à l'aide du même fluide développé.

La première existence isolée, d'après toutes les observations qui le prouvent, fut une création sans vie, ou la matière : c'est d'elle que prit naissance l'existence organique, elle y est attachée et ne peut s'en passer ; c'est d'elle qu'elle tire son origine ; c'est par elle qu'elle vit.

L'observation prouve, encore, quelle gradation admirable a présidé à la création des êtres.

Les premiers pouvaient exister seuls.

Les deuxièmes ne pouvaient exister sans les premiers.

Les troisièmes existaient par les autres, comme toutes les créations existent les unes par les autres.

Selon tous les faits géologiques ; l'état de perfectibilité des êtres organisés est en rapport avec l'état de perfectibilité de la terre : il s'ensuit que les premiers êtres ont été des infusoires, et la première partie isolée, de l'eau ; et que, par élabora-

tion de principes, ces myriades d'animalcules ont donné naissance à la partie
solide.

En effet, les eaux formées, pourquoi
des zoophites infusoires n'auraient-ils pas
élaboré les différentes roches qui forment
notre globe, de même que nos zoophites
polypes élaborent des terrains calcaires? Là,
s'expliquent les couches par étages, en
différents temps.

M. ARAGO dit : Les pierres les plus dures et les
plus compactes présentent au microscope une
pâte formée de milliards d'animalcules microsco-
piques soudés ensemble.

M. EHRENBERG fait une étude fort intéressante
des infusoires fossiles ; il en a déjà décrit un très-
grand nombre de formes très-variées.

M. BEUDANT cite M. Ehrenberg et dit : Les infusoires constituent en presque totalité des dépôts
très-étendus qu'on désigne sous les noms de
schiste à polir, tripoli, calcaire solide, marne et
craie.

Le RÈGNE INORGANIQUE est le résidu de l'élaboration assimilé à la matière inorganique, qu'il soit produit par excrétion pendant la durée de l'organisme, ou qu'il provienne des débris de l'organisme, après sa durée.

En effet, de même que la matière organique donne lieu à des sécrétions appropriées à son entretien et variées suivant la nature des organes, de même elle donne lieu à des excrétions variées suivant la nature de l'organisme.

Un MÉLANGE AÉRIFORME (l'air), a donc été la première nature remplissant l'espace.

Il renfermait, comme il renferme encore aujourd'hui, le germe de toutes les autres créations, de toutes les existences.

Ses éléments ou principes devaient être différents de ce qu'ils sont aujourd'hui, puisqu'ils donnaient naissance à des corps qui ne se forment plus; c'étaient, généralement, des silices, des silicates et des métaux, tandis qu'à notre époque, il ne se forme plus que des calcaires (madrépores, coquilles, etc.).

Il n'alimentait aucune création proprement organisée; il n'était pas dans les conditions voulues pour alimenter la vie.

Par suite du contact prolongé de ce mélange aériforme, il survint une époque où une masse énorme d'électricité accumulée en provoqua la décomposition avec recomposition ou combinaison des principes, qui donna lieu à l'isolement de la matière aqueuse; première création pouvant exister seule, mais indispensable aux autres existences créées.

Cette révolution électrique s'opéra dans des conditions telles que toute la matière aqueuse se trouva divisée et chargée inégalement du fluide qui lui avait donné naissance.

Il en résulta un effet d'attraction et de répulsion qui tint chaque globe divisé, en équilibre et à distance.

Le soleil en est plus chargé que tous les autres, aussi conserve-t-il sur eux un ascendant connu; c'est un foyer d'électricité destiné à produire les décompositions et les recompositions.

En raison de cette transformation, l'air se trouva à un nouvel état et put alimenter une existence mi-animale, mi-végétale, de laquelle participent encore certains produits marins.

Des myriades d'infimes, espèces d'infusoires, naquirent dans l'eau, et leurs débris prolongés engendrèrent la première formation de la partie solide.

Les premières eaux étaient douces : leur salure est le fait d'une sécrétion des infusoires qu'elles nourrissaient.

Cette PREMIÈRE FORMATION s'opéra sans trouble ; aucune cause étrangère n'en vint interrompre le travail : les débris élaborés

et variés en rapport avec la variété des infimes se superposèrent dans un sens in-
cliné, les uns par couches apparentes
(*gneiss*) ;

Les autres sans apparence de couches
(*granite*), jusqu'à ce qu'une révolution atmosphérique vint apporter des modifications aux principes de vie qui se mani-
festèrent en rapport avec le développement
par combinaison des matières propres à
les former.

Cette première révolution est marquée
par une transition qui annonce évidemment la salure des eaux.

La SECONDE FORMATION s'opéra dans un
milieu un peu différent de la première,
avec plus ou moins de trouble, par assises
(*couches* ou *strates*), superposées dans
tous les sens.

La modification des principes donna
naissance à la modification des infimes, qui

d'abord se trouvèrent en mélange avec les premiers et finirent par les remplacer.

D'après cela, on comprend facilement la difficulté d'établir la limite exacte qui marque les époques par la différence des terrains.

C'est alors qu'apparaissent, dans le terrain dit intermédiaire, les polypiers bien caractérisés et les différents corps organisés marins, bien différents de ceux qui existent de nos jours ; ils s'y trouvent empâtés dans une production solide que les polypiers forment, quelquefois en entier.

De cette époque datent les différents cataclysmes qui ont enfoui les races existantes et ont donné lieu à la production de races nouvelles qui se perpétuent jusqu'à une nouvelle catastrophe, dont la transition éprouve la même remarque ; et ainsi de suite, jusqu'au dernier cataclysme dont la tradition nous reste dans les livres de Moïse.

Le RÈGNE ORGANIQUE est le produit de l'élaboration assimilé à la matière organique.

L'assimilation a lieu par élaboration, dont le résultat est la sécrétion de matières propres à l'entretien de l'organisme, et l'excrétion de matières inutiles et impropres à cet effet.

Les sécrétions sont variées suivant la nature des organes qui leur donnent naissance ; et les excrétions sont variées suivant l'ensemble des organes qui forment la nature de l'organisme.

D'après ce qui précède, l'air, l'eau et la première partie solide, donnèrent lieu à la modification des principes.

Il résulta un état de ces éléments tel qu'ils devinrent propres à alimenter la vie.

Parurent d'abord des êtres organisés mal formés (*terrain intermédiaire*). Une nouvelle modification de principes détruisit cette création et donna naissance à des êtres mieux organisés (*terrain secondaire*). Et ces modifications se succédèrent à des intervalles plus ou moins prolongés, jusqu'à l'apparition de l'homme.

Certains corps, à un certain état de décomposition, donnent naissance à des êtres organisés souvent visibles, comme l'expérience le prouve par la fermentation ; passé cet état, ils n'en produisent plus.

C'est ainsi que les choses se sont passées dans la nature.

Cette hypothèse fait comprendre les différentes espèces et races selon les lieux et les circonstances qui leur ont donné naissance.

———

4*

GÉOLOGIE.

On nomme *espèce* tout minéral simple ou composé formé par voie de combinaison d'un ou de plusieurs éléments ou principes en proportions définies.

On nomme *roches* des masses minérales d'un volume assez grand pour jouer un rôle dans la structure du globe ; elles sont formées d'une espèce minérale ou de plusieurs réunies par voie de mélange, c'est-à-dire agrégées mécaniquement.

On nomme *terrains* des masses minérales d'un très-grand volume formées d'une ou de plusieurs roches disposées de différentes manières, et marquant une époque par l'analogie de leur forme et des produits qu'elles renferment (1).

Les terrains sont donc un ensemble d'espèces ou de roches marquant la durée d'une période par une transition de création.

Mais, les variétés d'espèces, leur séparation, leur agrégation mécanique dans la formation de roches, leur pénétration dans les roches et les terrains, leurs formes géométriques, leurs altérations, tels sont les sujets importants à traiter.

De la variété des infimes dérive la variété des espèces minérales auxquelles ils ont donné naissance.

Leur séparation et leur mélange sont analogues au travail de nos zoophites, qui

---

(1) Le quartz est espèce lorsqu'il se présente en petit volume ; il est roche simple lorsqu'il se présente èn assez grand volume. Le granite est roche composée.

bâtissent dans la même mer, soit indivi-
duellement, soit en commun.

Ainsi, les roches simples sont lé fait
d'un travail isolé ; les roches composées
sont le fait d'un travail en commun.

La formation des couches solides qui
composent notre globe, s'est opérée avec
une irrégularité que nous prouve leur di-
rection en tous sens.

Cette irrégularité dans la formation a
provoqué, entre les couches, des vides
nombreux qui forment des bassins ou ré-
servoirs de dimension variée, lacs et
mers.

L'intérieur de la terre en est sillonné ;
une catastrophe de notre planète ayant
ébranlé ces voûtes naturelles, certaines se
sont affaissées, comme on le remarque par
le défaut de concordance de certaines
couches ; il s'en est suivi des proéminences
ou élévations formant des montagnes, et
des creux formant des bassins, vallées,

lacs ou mers., où de nouvelles couches solides se sont établies ; c'est ce qu'on nomme formation en bassins.

Certaines roches à grain cristallin sont le fait d'une dissolution, par un agent chimique, comme nous pouvons l'observer dans les fontaines de Clermont ; le calcaire s'y trouve dissous par un excès d'acide carbonique, lequel, venant à se dégager à l'air, laisse précipiter le calcaire sous forme de couche cristalline qui revêt tous les corps que l'on soumet à son contact.

Le calcaire primitif (calcaire saccharoïde, marbre blanc statuaire) tient à la même cause., il n'est pas coquillier.

Les sources du Geiser nous offrent un exemple de dissolution de silice qui se précipite également au contact de l'air.

CRISTAUX.

Tous les corps sont soumis à des lois de composition, que l'on nomme lois chimiques ; et à des lois de forme, que l'on nomme géométriques.

La nature et la proportion des principes, ainsi que la nature du milieu où s'est opéré leur isolement, sont autant de conditions qui varient la forme de l'atome.

Les atomes, par leur agrégation, donnent aux corps qui en dérivent la forme dont ils jouissent : c'est ainsi que la nature, si variée dans ses composants, l'est de même dans ses formes.

Puisque la nature des principes détermine la forme, celle-ci doit indiquer la nature des principes ; c'est effectivement ce qui résulte de l'observation.

Toutefois, certains principes différents déterminent la même forme, comme certains principes semblables déterminent des formes différentes ; ces phénomènes-exceptions sont connus en minéralogie sous les noms de *Isomorphisme* et *Dimorphisme*.

L'*Isomorphisme* tient aux conditions identiques selon lesquelles se sont trouvés isolés des principes différents. (Mêmes proportions et même milieu.)

Le *Dimorphisme* tient aux conditions variées du milieu dans lequel se sont trouvés isolés des principes semblables.

(Belles découvertes dues à MM. Mitscherlich et Beudant.)

Il s'ensuit que les principes, selon leur nature et les circonstances de leurs proportions et du milieu où s'est opéré leur isolement, ont déterminé à l'atome des formes variées qui se sont transmises à la matière, résultat de l'agrégation des atomes.

Cette propriété naturelle ne peut être détruite que par une décomposition, qui change la nature des principes déterminants, ou bien par une nouvelle agrégation atomique opérée dans un milieu différent.

La désagrégation des atomes a lieu par l'eau et par le feu : l'un et l'autre de ces agents produisent des effets analogues ; ils désagrégent, et, selon les circonstances, ils modifient ou détruisent les substances soumises à leur pouvoir.

Mais le contact de l'eau vivifie : témoin cette végétation, qui ne peut s'en passer ; le règne animal, qui ne saurait vivre sans elle.

Le contact du feu modifie ou détruit, et ne vivifie jamais.

Ainsi les corps soumis à la fusion comme à la dissolution, s'ils n'ont subi aucune altération, reprennent, par agrégation nouvelle, leurs formes naturelles ; dans le cas contraire, ils éprouvent des modifications ou sont complétement détruits.

La cristallisation par l'eau ou par le feu est donc la reproduction des formes naturelles ou leur modification.

Les cristaux empâtés n'ont pu pénétrer dans leur loge après la formation de la roche qui leur sert de gangue ; ils ont été formés en même temps par les infusoires à qui ils doivent naissance, et se sont trouvés empâtés à différentes époques de leur accroissement, comme le prouvent leurs différentes dimensions.

Ceux qui se rencontrent dans des creux nommés géodes, ont pu être formés après la roche, non par infiltration comme nos stalagmites et stalactites, qui n'affectent aucune forme géométrique et ne s'entre-croisent pas comme des cristaux, mais par

des infusoires contenus dans l'eau enfer-
mée dans les vides.

Les infusoires qui ont bâti la gangue ont
laissé des vides, de même que nos madrépores en présentent.

Ainsi, chaque espèce de zoophite ayant
la propriété d'affecter une forme particu-
lière, comme nous pouvons l'observer par
la variété que nous présentent nos madrépores, et pouvant bâtir ensemble ou iso-
lément, on comprendra facilement les variétés d'espèces, leur séparation, leur
agrégation mécanique, leur pénétration et
leurs formes géométriques (cristaux).

MÉTAMORPHISME

OU TRANSFORMATIONS

PAR ALTÉRATIONS OU PAR DÉCOMPOSITIONS.

—

De ce qui précède, tous les produits de la nature sont le fait de l'élaboration.

Toutefois, quelques-uns ont subi des changements, par altération ou par décomposition, qui ont modifié ou leurs caractères physiques ou leurs caractères chimiques. Ces changements sont désignés, par les géologues, sous le nom de Métamorphisme ou d'Épigénie, comme le fait de la substitution d'un produit à un autre. Ils attribuent à la même cause le passage d'une roche à une autre.

Certaines roches ont, en effet, subi des transformations par suite de décomposition, comme nous allons le voir; mais la majeure partie est dans l'état naturel d'élaboration, et, comme je l'ai dit, diffère de même que nos polypiers (coraux) actuels, en rapport avec la variété des infimes, ou le milieu de production.

Les *métaux* et leurs sels sont susceptibles d'une décomposition naturelle avec transformation en oxydes plus ou moins terreux, sans perdre des propriétés chimiques de leurs bases.

Les *pierres* simples ou composées sont susceptibles d'une décomposition naturelle, souvent avec perte partielle ou totale des propriétés chimiques de leurs bases.

Les *débris* organiques sont également susceptibles d'une décomposition qui altère la nature de leurs principes composants.

Les oxy-carbones, lignite, houille, anthracite, et les hydro-carbones, bitume, pétrole, succin, sont évidemment des produits végétaux décomposés qui ne participent plus des caractères physiques et chimiques des corps d'où ils dérivent.

Tous les produits végétaux, par leur séjour dans l'eau, éprouvent une altération qui, même sous nos yeux, fait devenir noirs les bois soumis à cette épreuve.

La partie ligneuse oxydée forme l'oxy-carbone, et la partie liquide forme l'hydro-carbone. Ces deux substances unies donnent la houille grasse ; des circonstances venant à les séparer, nous avons la houille sèche et l'anthracite d'une part, et le bitume, pétrole, etc., de l'autre.

Les produits minéraux, par leur séjour dans l'eau et dans l'humidité, éprouvent généralement une altération qui, en les désagrégeant, modifie, d'abord leurs caractères physiques, puis leurs caractères chimiques.

5*

Le *quartz* compacte blanchit, se fendille, devient plus ou moins grenu, prend la forme plus ou moins terreuse, enfin s'agrége de nouveau avec changement des caractères chimiques.

Le *quartz aventuriné*, le *quartz saccharoïde*, le *quartzite grenu* ou *grésiforme*, le *grès molasse*, sont des altérations du quartz compacte, qui présentent des aspects différents selon leur état plus ou moins avancé d'altération.

Certain *quartz hyalin* devient grenu et passe au saccharoïde ou au grès plus ou moins cohérent.

Certain autre (généralement la variété fétide à Nantes) devient lamellé, et l'air ainsi que l'oxyde de fer interposés entre ses lamelles produisent un jeu de lumière que l'on nomme aventuriné.

Les *silex* passent au résinite et quelquefois au terreux.

Le *quartzite* présente des altérations très-étendues, comme je vais en donner un exemple.

Les carrières de grès molasse nous présentent la majeure partie du quartz transformée en sable ou sablon, sans cohérence ; tandis que quelques morceaux ayant subi une altération moins prononcée conservent encore un certain degré de cohérence : ils présentent à la surface des stries qui annoncent évidemment l'altération qu'ils ont subie, et ils affectent ainsi, comme les rochers dégradés par les eaux, des formes bizarres et variées.

J'en ai un morceau qui représente parfaitement un foie.

J'ai récolté dans une argile limoneuse, ainsi qu'aux bords de la mer, un quartz passant et passé au saccharoïde.

Des alluvions du terrain intermédiaire m'ont fourni le quartzite à des degrés gradués d'altération qui ne laissent aucun doute sur les diverses transformations de cette roche.

Au quartzite gris compacte succède un quartzite moins cohérent ; puis un quartzite grenu blanchâtre sans altération dans la forme extérieure des morceaux, mais avec stratification concordante intérieure ; puis un quartzite pulvérulent avec altération dans la forme extérieure ; puis enfin une substance blanche, compacte et tendre, prenant de l'éclat par le frottement de l'ongle, formée en rognons, par couches concentriques et portant les marques d'une dépression.

Ici la composition est changée ; ce n'est plus une silice pure, mais bien un silicate. Il y a substitution de principes par décomposition.

Les *silicates* éprouvent des décompositions analogues dont la plupart sont connues.

Le *feldspath* compacte passe au feldspath

grésiforme (leptynite), sans changement dans la composition, et au feldspath plus ou moins pulvérulent ou terreux (kaolin), avec modification dans la composition.

Le *gneiss* passe au schiste micacé, qui, par une désagrégation plus complète, perd sa cohérence, devient argenté ou doré très-tendre, et enfin passe au stéaschiste avec modification et changement dans la composition.

L'altération de certains sulfures métalliques naturels, par absorption d'humidité, est si facile que le fer sulfuré, par exemple, se décompose, même dans nos cabinets. Il y a transformation du sulfure en sulfate, et du sulfate en oxyde terreux.

Le cuivre et le zinc sulfurés se décomposent de même, quoique avec moins de facilité.

Le sulfate de fer est soluble dans l'eau; il n'est donc pas étonnant de rencontrer, dans les roches, tant de loges vides: le sulfate dissous et ainsi entraîné a pénétré toutes les roches sur son passage; il s'y est transformé en oxyde à divers degrés, marqués par les diverses couleurs, et souvent il s'est arrêté en un bassin d'où nous extrayons son oxyde mélangé à la roche, sous le nom de minerai.

Il peut en être de même de la coloration par tous les autres oxydes colorants, comme aussi elle a pu avoir lieu par absorption lors du travail par les zoophites.

CHALEUR,
CALORIQUE, FEU.

———

Nous avons vu que la combinaison ou la décomposition donnent lieu à la production d'un principe électrique.

L'absorption de ce principe électrique produit le calorique.

L'accumulation du calorique produit le feu avec décomposition que l'on nomme combustion.

La chaleur est la sensation produite par le calorique.

Les produits de la nature éprouvent au sein de la terre, comme à sa surface, des décompositions; il en résulte une production d'électricité qui, par absorption, donne lieu au calorique, dont la transmission est la cause de la chaleur centrale de la terre et des eaux thermales.

La progression de chaleur est causée par le défaut de transmission, et cette concentration est en rapport avec l'éloignement des conditions atmosphériques supérieures.

L'expérience prouve que tout lieu aéré est plus frais que celui où l'air manque.

Plus le foyer de décomposition est grand et moins la transmission est rapide, plus la somme de calorique est grande; que cette somme de calorique devienne trop grande pour pouvoir circuler et se transmettre aux corps voisins, il y a accumulation et alors production de feu.

C'est ce qui a lieu pour les *volcans*.

Lorsque des décompositions souterraines rapides produisent plus de calorique qu'il n'en peut circuler, il arrive un moment où ce fluide, accumulé dans les canaux ou crevasses dont le centre de la terre est sillonné, s'ébranle pour trouver une issue, d'où résultent les *tremblements de terre,* et pénètre enfin par la partie la plus faible, que l'accumulation du calorique, le feu, réduit à l'état de fusion.

Resserrer le foyer d'une décomposition, éviter la déperdition de son émanation, c'est favoriser l'accumulation du calorique qui s'y développe.

Ceci explique la sensation de chaleur que nous éprouvons lorsque nous nous couvrons; nous interceptons ainsi la déperdition du calorique que développe en nous la décomposition intérieure de nos aliments.

Notre sensibilité à la chaleur ou au froid dépend de l'absorption plus ou moins grande de notre calorique, par l'air ambiant, en vertu de la force qui tend à équilibrer tous les corps.

Deux corps frottés l'un contre l'autre développent un principe électrique, l'absorbent, et acquièrent une somme de calorique en rapport avec le dégagement et l'absorption. Les bois soumis à cette épreuve s'échauffent, et finissent par prendre feu; la combustion en est le résultat.

Les métaux acquièrent ainsi une somme de calorique capable de les fondre.

Le frottement qui s'opère par le mouvement rapide et prolongé des roues de diligences produit, en été, une absorption de calorique telle, que l'essieu et la boîte sont quelquefois fondus, et que le moyeu mis en feu éprouve la combustion.

De même, la chaux vive, par absorption rapide d'eau, opère un dégagement de calorique capable de cuire des œufs.

La limaille de fer, tenue humide, éprouve, au bout d'un certain temps, son passage à l'oxyde par décomposition, avec production d'une très-forte somme de calorique.

Certains corps jouissent de la propriété d'une absorption si rapide, qu'il y a production de feu : soit le chlorate de potasse et l'acide sulfurique, le potassium en contact avec l'eau, etc.

Les produits volcaniques tiennent à une décomposition par le calorique et à une nouvelle combinaison par le même agent; aussi sont-ils de nature différente des autres produits de la nature.

Non-seulement l'effet des volcans n'est pas continu comme la cause que les Vulcaniens admettent; mais, selon les lieux, ils ont vomi des matières différentes.

Les basaltes appartiennent aux époques les plus reculées.

Les ponces, communes en certains lieux, sont rares ou ne se présentent pas en d'autres.

Les uns vomissent des matières soufrées; d'autres des matières salines, sous forme de gaz, d'eau, de pierres, de verres ou de boues.

La chaleur des volcans n'est pas aussi intense qu'on l'imagine, puisqu'ils rejettent quelquefois des coquilles entières et des poissons qui vivent dans les lacs voisins. — Leur racine ne pénètre donc pas une masse en fusion, et leur émission n'a donc pas pour cause la chaleur de cette masse en fusion.

Les volcans, après tremblement de terre, lancent d'abord des fumées composées de gaz et de vapeurs d'eau; puis après, des cendres, des pierres poreuses incandescentes (rapilli), des blocs de matière solide avec détonation; puis, en dernier lieu, des matières fondues.

Ce qui prouve bien que l'échauffement a lieu graduellement.

Les auteurs vulcaniens poussent l'égarement jusqu'à représenter, en tableau, le noyau terrestre disposé par couches en fusion, d'où ils font partir les conduits des volcans.

Mais une matière en fusion peut-elle se présenter par couches!

L'imagination exaltée par le feu n'a plus de bornes : la raison égarée pénètre au fond des volcans; elle y voit tantôt une nappe d'acide sulfurique, de soufre ou de sel, etc., et bien d'autres choses.

RÉFUTATIONS.

Sɪ une masse en fusion a donné naissance à la première formation terrestre,

D'oᴜ provient cette masse en fusion, et pourquoi les différentes roches qui en dérivent ne forment-elles pas une masse homogène, et sont-elles d'aspect et de nature différents?

Poᴜʀǫᴜoɪ n'ont-elles pas l'aspect de ces terres et pierres brûlées que l'on remarque dans les lieux des volcans éteints et des houillères ayant été embrasées?

Poᴜʀǫᴜoɪ, dans les roches composées, les différentes espèces agrégées, que l'on reconnaît souvent à l'œil nu, ne sont-elles pas combinées ou mélangées intimement; et sont-elles disposées symétriquement, comme on le remarque dans le granit? tandis que les laves, produit résultant de la fusion, nous offrent un aspect brûlé et une composition souvent de plusieurs espèces agrégées sans ordre?

Si les volcans annoncent l'incandescence du noyau terrestre se faisant jour à l'extérieur, pourquoi les éruptions ne sont-elles que momentanées et ne durent-elles pas aussi longtemps que la cause qui les produit?

Si les différents terrains superposés aux premiers en sont le détritus,

Pourquoi leurs éléments en diffèrent-ils? et comment a-t-il pu s'en former des masses aussi considérables, broyées aussi finement?

Pourquoi cette différence dans la nature des roches qui les composent; et comment se fait-il qu'elles soient contiguës sans se ressembler, et que leur cohérence soit sóuvent aussi grande que celle des roches premières?

Pourquoi les argiles et les sables n'ont-ils pas été agrégés en pierre dure, comme les roches contemporaines qui les avoisinent?

Pourquoi certaines roches dures sont-elles mêlées d'argile qui divise leurs couches et semble les agglutiner, sans qu'elle-même se soit durcie?

Comment encore les roches de 2e et de 3e formation se seraient-elles solidifiées sans que les sables et les argiles des terrains intermédiaires, plus anciens, aient subi la même transformation?

La cause qui a solidifié les uns ne saurait être partielle, et ne peut faire admettre des terrains solides superposés ou contigus à des terrains arénacés ou argileux.

Comment la pétrification a-t-elle pu s'opérer par ce détritus? Quelle que fût la finesse de sa pâte, il était solide; et alors était-il capable de s'infiltrer pour pétrifier, c'est-à-dire de substituer une partie solide à une autre partie solide ?

Évidemment non ; il n'est donné qu'aux liquides de pénétrer les solides en s'y infiltrant.

Si les terrains étaient de sédiment, les corps fossiles qui s'y trouvent toujours plus ou moins roulés, devraient s'être précipités les premiers ; et alors ils devraient occuper la partie inférieure des couches : tandis qu'ils se trouvent disséminés dans toute leur épaisseur ;

C'est que, à mesure qu'ils roulaient, ils étaient empâtés dans la formation où nous les rencontrons.

Comment, l'action des grands courants ayant produit, par dégradation, les terrains dits de sédiment, détruit les êtres organisés et entraîné leurs débris, ne les auraient-ils pas disséminés d'une manière plus vague ; tandis qu'on trouve dans les mêmes lieux des races entières avec tous leurs débris et même leurs excréments :

N'est-il pas rationnel d'admettre que le milieu où ils sont ensevelis est celui où ils ont vécu.

Et ces amas de soude muriatée (sel marin), matière assez soluble, l'expliquera-t-on aussi par dégradation, entraînement et sédiment?

Si on admet que les différents terrains dits de sédiment soient le résultat du détritus les uns des autres, comment ne trouve-t-on pas dans les terrains tertiaires quelques-uns des débris organiques qui se rencontrent dans les secondaires, et ainsi de suite?

Et l'expérience prouve qu'il y a une limite bien tranchée entre les espèces de chaque terrain.

Cela tient, dira-t-on peut-être, à ce que les détritus, qui seuls ont résisté (les poudingues), sont en pierre dure et que les autres ont été réduits en pâte plus ou moins fine et ne sont plus définissables?

Les poudingues, les sables et les argiles prouvent évidemment l'effet destructeur des eaux et leur changement de lit, mais non pas la formation des terrains.

La terre végétale est formée par la décomposition des roches superficielles et des débris végétaux accumulés ; c'est un ensemble de cailloux et d'humus et d'argile.

Lors d'un cataclysme, cette terre végétale, délayée et entraînée, fournit les différentes argiles, les sables et les galets, selon l'état de ténuité des parties désagrégées par la décomposition.

Nantes, Imprimerie A^nd GUÉRAUD et Cie